A ÚLTIMA ÁRVORE DO MUNDO

A última árvore do mundo
© Lalau e Laurabeatriz, 2009

Gerência editorial	Sâmia Rios
Edição	Adilson Miguel
Editora assistente	Fabiana Mioto
Revisão	Gislene de Oliveira
	Maiana Ostronoff
	(estagiária)
	Paula Teixeira

ARTE
Edição de arte — Marisa Iniesta Martin
Projeto gráfico de capa e miolo — aeroestúdio
Diagramação — aeroestúdio

IMPORTANTE: Ao comprar um livro, você remunera e reconhece o trabalho do autor e o de muitos outros profissionais envolvidos na produção editorial e na comercialização das obras: editores, revisores, diagramadores, ilustradores, gráficos, divulgadores, distribuidores, livreiros, entre outros. Ajude-nos a combater a cópia ilegal! Ela gera desemprego, prejudica a difusão da cultura e encarece os livros que você compra.

Dados Internacionais de Catalogação na Publicação (CIP)
(Câmara Brasileira do Livro, SP, Brasil)

Lalau
  A última árvore do mundo / Lalau; ilustrações de Laurabeatriz. — São Paulo: Scipione, 2010.
  (Coleção Cubo Mágico)

  1. Literatura infantojuvenil I. Laurabeatriz.
II. Título. III. Série.

09-12065   CDD-028.5

Índices para catálogo sistemático:
1. Literatura infantil 028.5
2. Literatura infantojuvenil 028.5

editora scipione

Avenida das Nações Unidas, 7221
CEP 05425-902 – São Paulo – SP
ATENDIMENTO AO CLIENTE
Tel.: 4003-3061
www.scipione.com.br
e-mail: atendimento@scipione.com.br

2024
ISBN 978-85-262-8133-2 – AL
ISBN 978-85-262-8134-9 – PR

Código do livro CL: 737729
CAE: 261841
2.ª EDIÇÃO
10.ª impressão

Impressão e acabamento
Vox Gráfica / OP: 248697

Este livro foi composto em Bell Gothic Std e Univers Condensed e impresso em papel Couché 115g/m².

Este livro é dedicado à Violeta.

ERA UMA VEZ UMA ÁRVORE.
A ÚLTIMA ÁRVORE DO MUNDO.

DURANTE O DIA,
A ÁRVORE PROJETAVA UMA GRANDE SOMBRA.

E FICAVA ESPERANDO
ALGUÉM PARA NELA SE ABRIGAR DO SOL.

DURANTE A NOITE,
UM VAGA-LUME VINHA VISITAR A ÁRVORE.

UMA LUZINHA
FICAVA ACESA ATÉ O AMANHECER.

CERTA VEZ, UMA FRUTA AMARELINHA
E BEM DOCE NASCEU NA ÁRVORE.

UM MACACO PELUDO
PEGOU A FRUTA E LEVOU PARA SEUS FILHOTES.

UM ESQUILO BRINCALHÃO APROVEITOU E TOMOU UM BANHO BEM GOSTOSO.

NO OUTONO, UMA DAS FOLHAS CAIU
BEM DEVAGARZINHO DA ÁRVORE.

UMA FORMIGUINHA FORTE E VALENTE
LEVOU A FOLHA PARA O SEU FORMIGUEIRO.

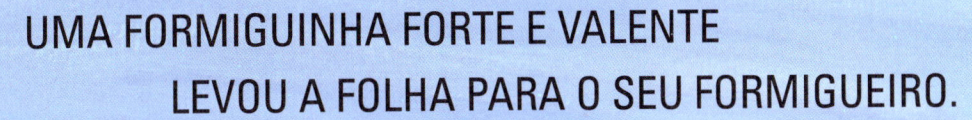

NO INVERNO, O VENTO FRIO
    ASSOBIOU ENTRE OS SEUS GALHOS.

A ÁRVORE, FELIZ,
    DANÇOU AO SOM DAQUELA MÚSICA.

NA PRIMAVERA, UMA FLOR
SE ABRIU NO ALTO DA COPA DA ÁRVORE.

A FLOR VAIDOSA
ESPALHOU SEU PERFUME PELO AR.

VEIO, ENTÃO, UM BEIJA-FLOR
E BEIJOU A FLOR DA ÁRVORE.

E, APRESSADO, FOI-SE EMBORA
PARA BEM LONGE DALI.

ERA UMA VEZ UMA ÁRVORE QUE AMAVA O MUNDO.

O ÚLTIMO MUNDO DA ÁRVORE.

O autor

Sou paulistano e nasci em 1954. Trabalho com criação publicitária e projetos literários. Passei minha infância num bairro afastado da cidade. Lembro que, numa das ruas próximas de minha casa, havia um matagal e, nele, um antigo carvalho. A criançada o chamava de Arvorão. Aquela grande árvore tinha toda a paciência do mundo com nossas brincadeiras e nossa imaginação. Num dia, o Arvorão era um navio pirata. No outro, um gigante de braços compridos. E assim por diante. Tempos depois, passei por aquele lugar. O Arvorão continuava lá, altivo, forte e preservado num estacionamento de automóveis. Deve ainda abrigar ninhos e passarinhos em seus galhos. Mas, com certeza, deve sentir muita saudade das crianças de antigamente. ■

A ilustradora

Sou artista e ilustradora. Nasci no Rio de Janeiro, mas moro em São Paulo. Para desenhar *A última árvore do mundo*, escolhi o amarelo-ocre para mostrar como a terra fica quando está empobrecida e se transforma num deserto. Usei o cinza para mostrar como fica a cor do céu num dia frio e sem sol. Usei o vermelho para mostrar a beleza de uma flor que desabrocha. Usei o verde para mostrar como a terra pode se transformar quando é tratada com amor. Veja como fica linda esta cor no nosso meio ambiente. É a cor da vida! Cada um de nós pode ajudar a colorir o nosso planeta. Vamos escolher uma árvore para cuidar... como se ela fosse a última árvore do mundo? ■